L'INFLAMMATION

ET LA TERABDELLE

Alençon, typ. et lith. Ch. Thomas.

L'INFLAMMATION

ET

LA TERABDELLE

PAR

LE DOCTEUR DAMOISEAU

PRÉSIDENT DE L'ASSOCIATION MÉDICALE DE L'ORNE ET MÉDECIN DE LA
SOCIÉTÉ DE SECOURS MUTUELS DES OUVRIERS D'ALENÇON

Je comprends qu'il faille ménager le
sang qui circule, mais que perd un
malade, je vous le demande, lors-
qu'on extrait en quelques minutes de
l'intérieur de sa tête cinq ou six cents
grammes de sang noir et couenneux
qui étranglaient l'encephale en sa boîte
osseuse ?

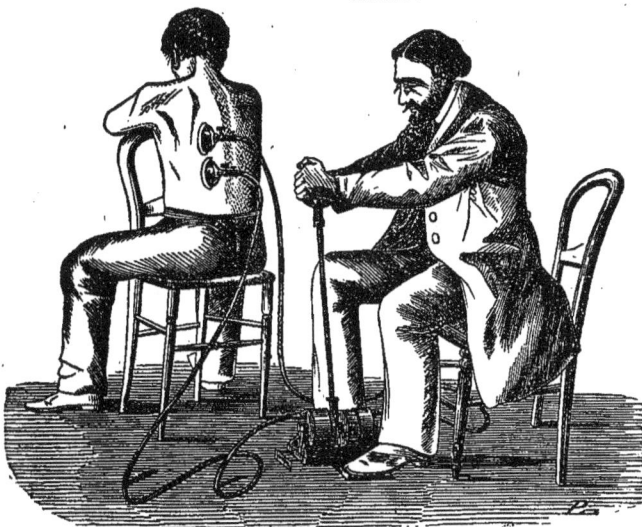

ALENÇON

TYP. ET LITH. CH. THOMAS, RUE DU COLLÉGE, 8

1867.

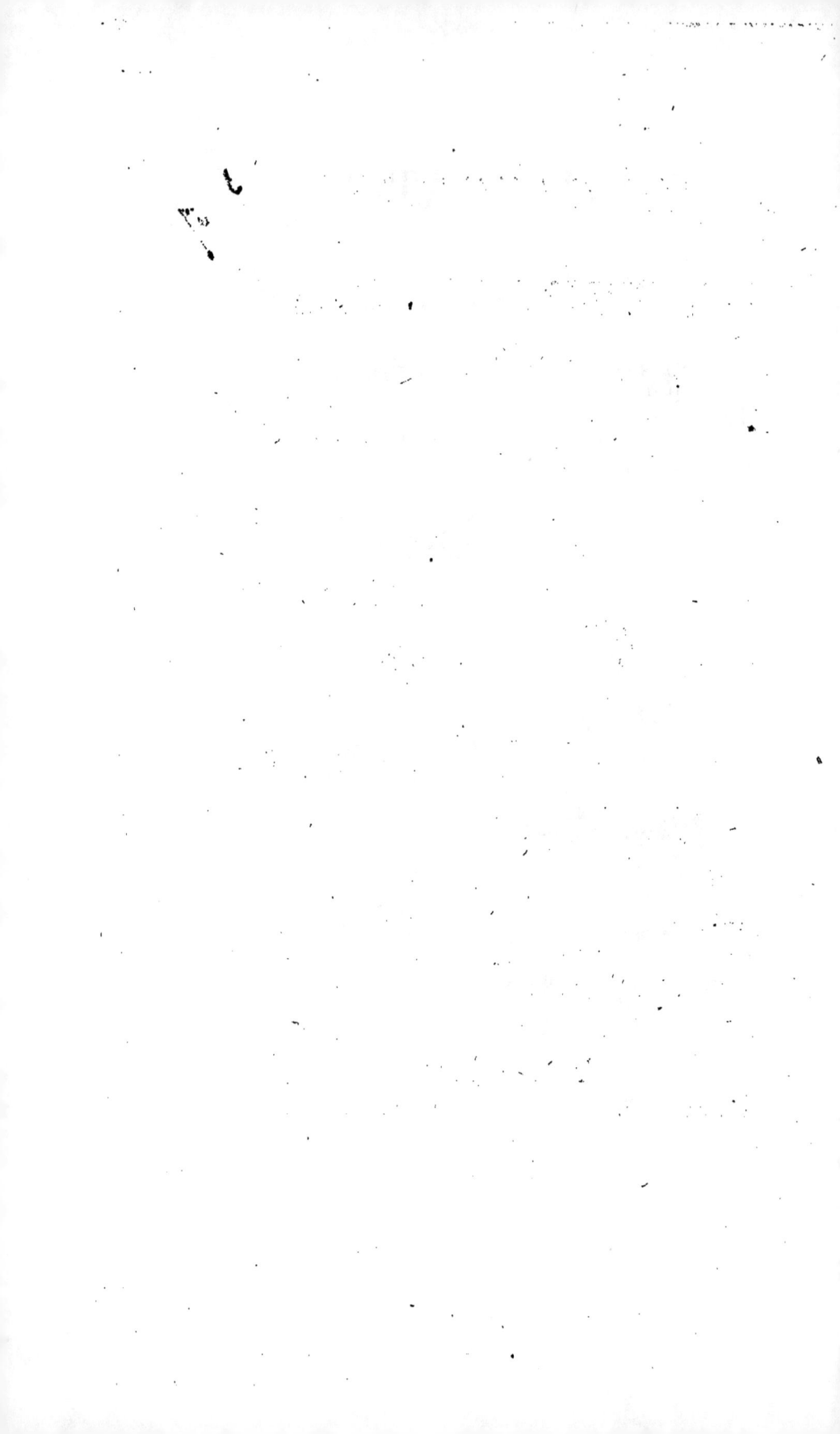

L'INFLAMMATION

ET LA TERABDELLE

- L'INFLAMMATION.

Un écrivain médical de premier ordre, le docteur
Saler-Girons, laissait dernièrement échapper dans la
Revue médicale (1) cette phrase qui à elle seule ren-
ferme toute une doctrine :

« Aucune découverte ne saurait dispenser en méde-
« cine de ce principe de la vie qui préside, disait-il,
« aux mouvements normaux dans l'état de santé et
« aux mouvements anormaux ou médicateurs dans
« l'état de maladie. »

Ainsi donc, s'il fallait en croire ici le défenseur le
plus autorisé du vitalisme traditionnel et orthodoxe
parmi nous, un même principe appelé le principe de la
vie présiderait à la fois aux mouvements normaux et
aux mouvements anormaux, aux mouvements salutai-
res et aux mouvements pernicieux et désorganisateurs !

Le bon sens et l'expérience protestent également
contre une telle manière de voir qui aboutit fatalement
à l'expectation systématique ; et, des phénomènes mor-

(1) Revue médicale du 15 mars 1867, page 287.

bides : les uns ont et auront toujours aux yeux des vrais praticiens le caractère d'une réaction vitale médicatrice et salutaire , et, les autres au contraire, portent et porteront toujours le cachet du désordre qui conduit à la désorganisation et à la mort.

Broussais, auquel on peut reprocher entr'autres choses de n'avoir pas défini suffisamment les expressions d'excitation , d'irritation et d'inflammation qui lui étaient familières, a eu d'admirables intuitions sur le phénomène capital de la vie qui est *le coup de piston du cœur* (1), et j'en ai conservé un souvenir malheureusement trop confus, je l'avoue, mais qui n'a pas été étranger toutefois à la direction de mes idées et de mes recherches.

Le cœur, quel ouvrier merveilleux et infatigable ! Composé de deux pompes musculaires associées, il emploie l'une, la droite, à aller chercher le sang noir dans toutes les parties pour le lancer au foyer de l'hématose, et l'autre, la gauche, à puiser le sang artériel à ce même foyer pour l'injecter soixante fois par minute dans la profondeur de tous nos organes !

Chose remarquable, au moment de la systole, chaque ventricule doit *se vider en entier*, et cette effusion complète de sang, qui est une sorte de mort, constitue le premier temps de la pulsation cardiaque qui est la base de la circulation et de la vie !

(1) Notamment dans son cours de 1836, à la Faculté.'

Cela est étrange, sans doute, mais enfin cela est exact, et ce fait, tout mystérieux qu'il est, n'en constitue pas moins le fondement incontestable de toute physiologie et de toute médecine vraiment scientifique.

De ce point de vue, tout ce qui favorisera l'accomplissement régulier des systoles et des diastoles cardiaques et artérielles devra être considéré comme un moyen médicateur et salutaire et tout ce qui y mettra obstacle, au contraire, comme un agent de perturbation et de mort (1).

Tel serait, à mon avis, le criterium expérimental du bien et du mal médical, de la santé et de la maladie, de la vie et de la mort.

Le docteur Moilin qui s'est donné la tâche de relever parmi nous le drapeau de la médecine physiologique formule la définition suivante de l'inflammation :

« L'inflammation est, dit-il, une *paralysie simultanée* « *de tous les vaisseaux.* » (2)

Une paralysie simultanée de tous les vaisseaux, mais, si je ne me trompe, c'est la mort proprement dite et je ne vois rien là qui ressemble à ce que nous appelons l'inflammation.

(1) Deduco pleraque à motibus ad necessarios fines proportionatis atque directis (Stahlii vindicia de scriptis suis, p. 160).

On déduit immédiatement de ce principe cette règle de pratique chirurgicale :

Entre les solides et nos tissus vivants l'intermittence est la loi des compressions inoffensives.

(2) Leçons de médecine physiologique, chez Adrien Delahaye, place de l'Ecole, à Paris.

« La paralysie des vaisseaux, ajoute-il, est la cause « unique des phénomènes inflammatoires. »

J'avoue ne rien comprendre à ce langage. Que la paralysie d'un ou de plusieurs vaisseaux favorise la production d'une stase sanguine d'où peut résulter plus tard une inflammation, je l'admets, mais il n'est pas permis, ce me semble, de confondre l'une des causes éloignées de l'inflammation avec l'inflammation elle-même.

Dans une autre partie de son livre, M. Moilin nous enseigne que « l'inflammation est un état complexe, « que c'est un mélange de congestion, d'engorgement « et d'œdême. »

Ainsi donc l'inflammation qui, d'abord était, suivant lui, une paralysie, est à ses yeux devenue un état organo-pathologique : de *cause*, elle s'est transformée en un simple *effet*....

On le voit, la confusion est ici à son comble et il est indispensable de s'entendre, une fois pour toutes, sur le sens véritable du mot *inflammation*.

Il importe tout d'abord de ne pas confondre l'inflammation avec ses causes qui sont multiples. C'est ainsi que la notion d'inflammation se rattachant à l'idée d'un obstacle matériel à la circulation capillaire, nous voyons que trois ordres de circonstances principales peuvent y conduire :

1° La paralysie vasculaire ;

2° L'épaississement du sang et sa coagulation sous l'influence de l'état couenneux et de la plethore ;

3° La compression exercée à la surface de la pêau par les solides ambiants.

Ne nous y trompons pas , le résultat produit n'est point tout d'abord une inflammation, mais bien une *stase sanguine* qui peut aller jusqu'à *l'étranglement* et la *gangrène*, ainsi qu'on l'observe tout aussi bien dans les inflammations pulmonaires résultant de l'état couenneux du sang, que dans les inflammations cutanées de la région du sacrum dont la cause est la compression continue qui résulte de la transmission du poids du corps.

Si la gangrène pulmonaire et les escarres au sacrum sont heureusement si rares, cela tient à la réaction vitale énergique qui ne manque pas alors de s'établir. Or cette réaction s'opère d'abord par la répétition plus fréquente des coups de piston du cœur d'où résulte la fièvre et quelques fois l'hémorrhagie, mais si ces moyens ont été impuissants, une réaction s'opère dans les solides vivants eux-mêmes, une *sorte de vie et de circulation locales d'ordre inférieur* (1) s'improvise, la rougeur, la tumeur, la chaleur et la douleur apparaissent et l'économie se trouve protégée contre le développement et l'extension de la gangrène. Telle est à mes yeux l'inflammation.

(1) M. Pidoux.

Il n'est pas un praticien qui n'ait observé un certain nombre de cas d'inflammation guérie au début par l'une de ces hémorrhagies, que l'on qualifie à si juste titre de *critiques*, et, personne n'ignore que la terminaison la plus commune de l'inflammation est la *résolution* qui n'est autre chose au fond que le dégorgement des vaisseaux et des tissus qui redeviennent perméables et contractiles.

On peut donc conjecturer avec l'illustre Hunter qu'un agent qui posséderait la propriété de faire contracter les vaisseaux serait *le spécifique* de l'inflammation, or cet agent par excellence n'est-il pas évidemment le cœur lui-même dont on peut dire avec Harvey qu'il est le fondement de la vie des animaux et le soleil du microcosme, dissipant, à ce titre, comme des nuages, au moyen de la fièvre et des hémorrhagies critiques, engorgements, congestions et inflammations.

« Si l'on passe en revue les diverses médications em-
« ployées actuellement dans le traitement de l'inflam-
« mation, dit M. Moilin, on n'en trouve aucune qui
« remplisse l'indication si simple et pourtant si capitale
« de guérir l'inflammation en rendant le mouvement
« aux vaisseaux paralysés. » (loc. cit.)

Cela est vrai, mais il faut s'entendre ici et ne pas confondre *le mouvement pulsatif* des vaisseaux avec *leur contractilité nerveuse*.

Il est évident qu'avec l'électricité M. Moilin ne peut

agir que sur leur contractilité nerveuse, il ne peut rien directement sur le mouvement du pouls.

Or l'effet propre et caractéristique de la Terabdelle, au contraire, est de reproduire physiquement le mouvement pulsatif non-seulement à la périphérie cutanée, mais encore en le faisant pénétrer, sous forme de *vibration*, jusque dans les profondeurs de nos grandes cavités viscérales.

Il me reste à signaler à M. Moilin deux affirmations qui m'ont paru contradictoires dans ses leçons de médecine physiologique.

Notre confrère s'étant présenté comme l'élève et le disciple de M. Claude Bernard, nous nous attendions à trouver dans son livre les bases fondamentales de l'enseignement de l'illustre savant. Qu'elle n'a donc pas été notre surprise en lisant que l'idée thérapeutique de sa nouvelle médecine consistait « à « appliquer exclusivement et dans tous les cas, sans « exception, les courants électriques très-faibles sur la « peau d'une manière méthodique dans le but de favo- « riser, d'accroître, de rendre plus durables *les pro- « priétés vitales des éléments histologiques* (1) ? »

Il n'y a à cette doctrine qu'une difficulté c'est que, suivant M. Claude Bernard, les éléments histologiques *n'ont pas de propriétés.*

(1) Loc. cit. page 293.

« Dans la nature vivante comme pour la nature ina-
« nimée, dit le savant professeur du Collège de France,
« la matière est essentiellement *inerte*. Jamais un corps
« ne peut se donner à lui-même le mouvement : la *fibre*
« *nerveuse* et la *fibre musculaire* n'ont pas de privi-
« léges à cet égard. Elles resteront éternellement en
« repos si une influence étrangère ne les en fait sortir.
« Cette excitation indispensable qui est aussi la vérita-
« ble cause des phénomènes vitaux doit venir de quel-
« que part, nous en trouvons la condition dans le
« *milieu* au sein duquel se développe l'organisme
« vivant. » (*Revue des Cours scientifiques*, juin 1864).

Privés de l'excitation qui leur vient de ce milieu, les
éléments histologiques ne sont que des parties de cadavre ou de bois sec, et, la thérapeutique instituée de ce
point de vue, ne saurait engendrer, suivant une expression devenue célèbre de notre Lisfranc, que de la *menui-
serie* médicale et chirurgicale.

Si le soufle de l'air atmosphérique est la raison d'être
de la respiration, la respiration elle-même est la condition
essentielle d'un soufle plus merveilleux encore qui, se
reproduisant à chaque seconde dans l'économie toute
entière, sous la forme du pouls, entretient partout la mys-
térieuse activité de nos trames organiques, de nos fibres
musculaires et de notre pulpe nerveuse elle-même. Ce
milieu, pris à tort pour une organe ordinaire par nos mé-
decins anatomistes, avait été pour Stahl l'objet des plus

intéressantes observations. Aux yeux de cet illustre médecin, la fluidité si remarquable qui caractérise le sang est
principalement conservée par *son mouvement* (1). Ce
mouvement est double, il consiste d'abord en un rayon-
nement du centre à la circonférence, et ensuite en un
reflux de la circonférence au centre ; et ces deux mouvements opposés qui constituent la circulation, peuvent
être l'un et l'autre *universels* ou *partiels : universels* ils
caractérisent l'état de santé ; *partiels* ils correspondent
à l'état de maladie.

La fluidité du sang étant donc entretenue par son
mouvement, on comprend l'utilité de la fièvre. En multipliant les battements du cœur, la fièvre combat directement l'épaississement de ce liquide, et la formation de
ces caillots et de ces concretions sanguines qui, sous le
nom d'embolies, sont la source d'accidents graves et
variés ; et ont, dans ces derniers temps, vivement attiré
l'attention des observateurs.

On conçoit de même combien il importe de multiplier les coups de piston de la Terabdelle à l'instar des
systoles du cœur, pour achever et compléter le rayon-
nement periphérique du sang artériel dans la vaste

(1) In circulatione sanguinis maxime intuitu recte considerari debet
usus transpressionis ejus per spongiosas partes, in ambitu maxime cor-
poris constitutas : quo nempe sanguis in perpetua decente *fluxilitate*
conservatur : ut non solum perpetuo illi suo circuitui *aptus* maneat,
sed etiam eo ipso ad *secessiones* decentes rerum è sui latifundio dimit-
tendarum recte idoneus (Sthalii physiologia, page 433).

étendue des réseaux capillaires de la peau et du tissu cellulaire souscutané.

Le mouvement pulsatif au moyen duquel le sang est incessamment lancé du centre à la circonférence, présente comme le souffle respiratoire deux temps bien distincts : la *tension* et la *détente* que MM. Chauveau et Marey (1) ont étudié avec précision à l'aide d'un instrument particulier et au moyen d'une représentation graphique. Or ce mouvement, le premier de tous par le rang et la dignité, comme par le Stahl, se trouve reproduit en partie ou en totalité, et plus ou moins imparfaitement, dans les innombrables méthodes d'appliquer les ventouses; et delà leur vient à toutes, bien qu'à des dégrés divers, cette influence vivifiante qui les caractérise.

Toute ventouse, en effet, agissant par la puissance du vide, injecte de dehors en dedans les tissus qu'elle embrasse avec autant de puissance que peut le faire la systole du ventricule gauche elle-même. Mais la ventouse Égyptienne et la Térabdelle seules reproduisent les deux temps du pouls, et il n'y a que ce dernier instrument qui, renouvelant deux fois par seconde son aspiration et sa détente dans chaque verre, réalise à volonté une *fièvre locale* véritable et une *hémorrhagie artificielle*, régulière et continue.

On a défini la fièvre un effort de la nature tendant à

(1) Physiologie médicale de la circulation du sang, chez Adrien Delahaye, place de l'École, Paris : 1 vol.

expulser la matière morbifique , j'ajouterais volontiers avec Stahl, que la fièvre est tout d'abord un travail de la nature qui s'efforce de fluidifier le sang en multipliant ce violent coup de fouet que les ventricules du cœur lui impriment à chaque seconde.

La fièvre artificielle dont il est question ici à tous ces caractères : elle liquéfie le sang épaissi et coagulé avant de l'extraire au moyen des coups de piston répétés de la Terabdelle , et, par cette même aspiration si puis- sante, elle expulse en les attirant au dehors tous les corps étrangers et toutes les matières morbifiques , à la seule condition qu'ils affectent la forme liquide ou la forme gazeuze.

Le secret de la puissance de la ventouse Junod est qu'elle reproduit le premier temps du pouls sur une surface immense de notre tégument externe ; mais aussi la cause des dangers qu'elle entraîne, est qu'elle néglige le second temps de ce grand phénomène de la vie. Le défaut de détente produit l'engorgement prolongé de la totalité des membres soumis à l'action du vide.

Le fondateur de l'institut hémosparique, le docteur de Bonnard, le reconnaît : l'action du vide sur une vaste surface cutanée n'est pas sans dangers, et elle doit être mesurée à l'aide d'un manomètre, d'où suivant lui , la nécessité d'inventer de nouveaux instruments : « Dans « un prochain mémoire, ajoute-t-il, je donnerai la des- « cription d'autres appareils que je crée. Ils ne seront

« pas moins puissants que ceux qui fonctionnent
« aujourd'hui. »

Ces dernières lignes ont été écrites en 1840, l'institut
hémospasique n'a pas tardé à disparaître et il n'a pas été
donné suite aux appareils annoncés.

Quelle a donc été la cause de l'échec d'une méthode
si remarquable ; et pour laquelle tant de frais avaient
été faits? C'est que, si je ne me trompe, les docteurs
Junod et de Bonnard n'ont pas eu la vue claire et dis-
tincte du but de leurs efforts. Ils voulaient, disaient-
ils, *expérimenter l'application en grand de la puissance
du vide à l'économie animale* (1). Or cette conception
est plus physique que médicale, car le vide employé
avec énergie sur nos membres produit à ses divers
degrés des effets entièrement opposés. C'est ainsi qu'à
l'afflux et à l'injection sanguine qui se produisent d'a-
bord et qui sont des effets physiologiques, succèdent,
tout à coup, sans transition des infiltrations sanguines,
lesquelles sont de véritables lésions et même des faits
pathologiques accomplis.

Le défaut capital de la ventouse Junod est donc de
n'être susceptible d'aucune graduation ni mesure et
d'agir aveuglément avec une inflexible brutalité.

Il est un genre d'obstacles que s'étaient créés les
propagateurs de la ventouse Junod. C'était de prétendre

(1) Brochure. Paris, rue de Seine-St-Germain, à la librairie sociale,
1840, sous le titre d'Hemospasie, par Arthur de Bonnard, docteur en
médecine, page 6.

remplacer les émissions sanguines par l'hémospasie. La pléthore qu'ils ne pouvaient combattre que par des infiltrations hémorrhagiques dans la profondeur des membres, était pour eux la source de difficultés sans cesse renaissantes dans la plupart des cas ou l'indication de leur ventouse était d'ailleurs formelle ; leurs beaux résultats ayant donc été obtenus en quelque sorte par hasard et en dehors des véritables indications médicales, ils n'ont point été en mesure de les reproduire dans l'occasion ; et des instruments d'une incontestable puissance sont tombés en désuétude entre leurs mains.

Nous avons cherché dès le principe à nous former une idée juste de la révulsion, de la dérivation et de la déplétion qu'il était possible d'obtenir à l'aide des ventouses perfectionnées.

La révulsion ou antispase consiste à faire revenir, rappeler ou à détourner les humeurs pour leur faire prendre cours vers la partie opposée à celle sur laquelle elles se jetaient. C'est ainsi que dans les affections congestives et inflammatoires de la tête, on détourne, par la saignée du pied, le sang qui se porte en trop grande abondance vers les parties supérieures, en le déterminant à couler plus promptement et plus abondamment par l'aorte inférieure.

C'est ainsi que dans les inflammations des viscères

2

du bas ventre, la saignée au pli du bras, oblige le sang de se détourner de la partie enflammée et d'enfiler la route de l'artère sous clavière et de l'axillaire.

L'indication la plus générale de la thérapeutique est formulée en ces termes par Galien dans son commentaire de l'aphorisme 21 de la deuxième section :

« Le médecin, dit-il, doit observer la direction du « mouvement naturel. Si elle est *salutaire* il doit la « favoriser et l'aider ; si au contraire elle est *nuisible*, « il doit lui mettre obstacle et en même temps la dériver « et la révulser. »

Mais que faut-il entendre par la direction *salu-taire* et la direction *nuisible* du mouvement des humeurs ? Les anciens, dit-on, ignoraient la circulation du sang, et cela est incontestable, mais, chose qui étonne, et qu'il serait facile de démontrer au besoin par des textes nombreux, les anciens connaissaient aussi bien et peut être mieux que les modernes, les véritables lois de la répartition du sang.

« Les éléments du sang distribués et enfermés en « nous, comme en tout animal constitué sous le ciel, « dit Platon, sont forcés d'imiter le cours des mouve-« ments de l'univers. »

C'est-à-dire, sans doute que cette distribution doit, être, comme l'univers, *une* avec *diversité*, et, *diverse* avec *unité*. Chaque viscère, chaque organe, chaque fibre pour ainsi dire ayant sa propre artère, doit avoir son propre pouls. Tel est l'état normal ou naturel que nous devons non-seulement favoriser et maintenir, mais encore restaurer et rétablir quand il vient à faire défaut dans une partie quelconque de notre grand arbre artériel.

Prenons un exemple : supposons qu'il s'agisse d'une congestion cérébrale commençante. Les pieds et les membres inférieurs sont plus ou moins refroidis, les carotides et les temporales, au contraire, battent avec violence ; le front est plus ou moins chaud, les yeux sont animés, la face est injectée et vultueuse, etc.

On a beaucoup vanté les ventouses Junod dans un cas semblable. Un certain nombre de malades furent en effet guéris de la sorte de congestions cérébrales plus ou moins graves, mais malheureusement ces beaux succès se reproduisirent à de trop rares intervalles, et le docteur de Bonnard fut obligé de le reconnaître : « l'hémospasie qui modère les mouvements du cœur, est sans action directe sur la congestion cérébrale. » (1).

Il crut en avoir trouvé là raison dans ce qu'il appela la circulation *syphonnienne* de l'encéphale, mais la véritable cause lui échappait d'autant plus sûrement qu'elle était dans son propre esprit. Uniquement préoccupé de la révulsion par l'hémospasie, il ne songeait pas, en effet, au complément obligé de cette méthode qui est la *dérivation* dans tous les cas où le sang, *fixé*, pour ainsi dire dans les tissus, ne peut plus obéir à un appel loin-

(1) De l'hémospasie, page 35.

tain, et doit être nécessairement extrait sur place de l'organe souffrant lui-même.

Dans un cas semblable voici la manière d'appliquer la Terabdelle :

Deux verres couvrant chacun un décimètre de surface et placés sur les régions fessières du bassin, renouvellent douze cents fois en cinq minutes l'énergique soufle à deux temps de la ventouse et font sortir trois cents grammes de sang des simples mouchetures de nos scarificateurs mécaniques. Le malade ne tarde pas à éprouver une sensation de chaleur profonde dans le bassin, ses membres inférieurs se réchauffent même quelquefois avec un sentiment de bien-être général.

La céphalagie sanguine active, l'obscurcissement de la vue et de l'ouïe, la dysphagie elle-même, certaines hémiplégies quand elles reconnaissent la même cause, disparaissent assez souvent sous la seule influence de cette énergique révulsion.

Mais quand le soulagement est incomplet, le pouls conservant encore sa force, nous avons recours à la *dérivation*. Un ou deux verres sont placés à la région occipitale et nous permettent d'extraire en cinq à six minutes de trois à six cents grammes de sang, plus ou moins, suivant les effets produits.

Appliqant depuis quinze ans deux cents fois environ chaque année cet énergique moyen, nous pouvons affirmer que les congestions et les hémorrhagies sanguines

actives, les inflammations franches à leur début, c'est-
à-dire pendant leurs trois ou quatre premiers jours, ne
résistent pas aux efforts réunis de la révulsion, de la
dérivation et de la déplétion qui résulte de l'emploi
méthodique de la Terabdelle.

L'application des ventouses au moyen de cet instrument est d'ailleurs exempte de toute action congestive
et irritante. Sur le bassin, sur les genoux et les autres
articulations où nous avons fréquemment l'occasion
d'en faire usage, elle n'a jamais agi au bénéfice de la
plegmasie et il a toujours suffi d'essuyer avec attention
les coupures du scarificateur pour voir ces solutions
de continuité guérir sans laisser, je ne dis pas des cica-
trices, mais assez souvent même des traces apparentes.

Notons en finissant et ne perdons jamais de vue qu'on
doit établir entre les congestions et les hémorrhagies
cérébrales ou apoplexies proprement dites, la même
distinction que les praticiens font tous les jours entre
les épistaxis qu'ils arrêtent par la saignée et les
épistaxis qu'ils guérissent par le quinquina.

Il y a donc des congestions, des hémorrhagies et des
apoplexies *actives* qu'une saignée suffisante, opportune
et pratiquée en lieu convenable guérit toujours; et des
hémiplégies *passives* qui rarement guérissent, mais se
trouvent mieux des aliments et du vin en petite quantité que de la diète et de la saignée.

Tel est le cas, je crois, de la plupart des hémiplégiques admis dans les hôpitaux des grandes villes en un état plus ou moins avancé d'épuisement de leurs forces morales et physiologiques.

Mais ce serait une grossière et bien dangereuse erreur que d'assimiler les apoplectiques que l'on rencontre tous les jours dans le monde avec les infortunés que la maladie ne frappe le plus souvent qu'à la suite de la misère et qu'elle conduit enfin à l'hôpital.

De part et d'autre les symptômes et les lésions paraissent les mêmes au premier abord ; et toutefois le pronostic et la cure diffèrent essentiellement.

Dans l'hémiplégie sanguine active, en effet, l'incurabilité ne tient qu'à l'intervention trop tardive de l'art. Tant que la déchirure du cerveau par l'épanchement sanguin, n'est pas accomplie, la guérison est non-seulement possible, mais facile. Or dans un bon nombre de cas, l'hémiplégie incomplète existe d'abord par simple congestion et sans lésion cérébrale incurable ainsi que la guérison instantanée de plusieurs hémiplégiques est venue d'ailleurs le démontrer.

LA TERABDELLE

La *terabdelle* (τέρας, prodige, et βδελλα, sangsue) est une machine pneumatique modifiée, ayant pour but de pratiquer la révulsion et d'extraire du corps humain les gaz, le sang et les autres liquides , au moyen des mouvements de succion qu'elle permet de répéter dans des ventouses appliquées sur les téguments et les ouvertures naturelles, artificielles ou accidentelles (1).

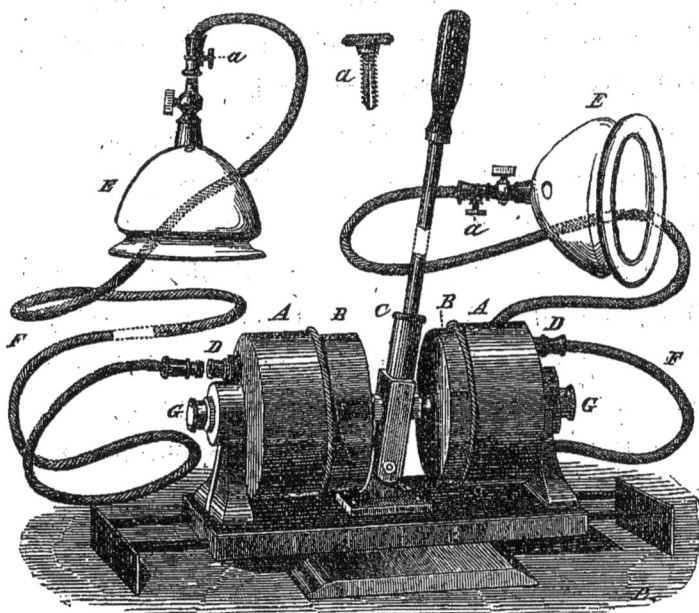

Fig. 1.

(1) De récentes observations m'ont démontré que notre petite pompe Charrière, munie d'une réintroduction graduée d'air et appliquée immédiatement et sans tube sur un verre à ventouse couvrant un décimètre de surface cutanée, pouvait extraire 600 grammes de sang en cinq

L'appareil se compose :

1° De deux corps de pompe A A, fixés sur un piédestal destiné à reposer sur le sol. Il communique par deux longs tubes flexibles F F, avec deux verres à ventouses appliqués sur la peau E E.

2° De deux pistons B B, montés aux deux bouts d'une tige métallique horizontale, et ajustés dans les deux corps de la pompe.

3° D'un levier à main vertical, en forme de brimbale c, tournant d'un bout sur un pivot fixé au piédestal, et de l'autre mis en mouvement par les deux mains du manœuvre. Il sert à imprimer simultanément aux deux pistons le mouvement de *va-et-vient* nécessaire à la marche de l'appareil.

Chaque corps de pompe est muni de deux soupapes D G. L'une est destinée à l'aspiration D, et couvre l'extrémité du tube, et l'autre, qui se rapporte à l'évacuation de l'air G, communique avec l'atmosphère.

4° Enfin d'une soupape ou robinet de réintroduction d'air en forme de vis échancrée a, pratiquée sur la garniture en cuivre du tube qui avoisine les verres.

5° Les verres employés ont presque tous pour caractère d'offrir une large embouchure avec peu de hauteur

minutes, quantité qui représente le maximum de l'action des deux volumineux corps de pompe figurés en tête de ce mémoire.

Ce petit appareil, si remarquable parce qu'étant peu coûteux et éminemment portatif il a encore une grande énergie, laisse à désirer l'extrême douceur et la répétition facile des coups de piston qui caractérisent la terabdelle proprement dite.

comparativement, tout en conservant la capacité voulue. Pour éviter les inconvénients de la pression qu'ils exercent sur les tissus, leurs lèvres sont repliées à la manière des bords d'un chapeau. Deux verres à embouchure ovale ou elliptique suffisent dans la plupart des cas.

Certaines parties du corps exigent des verres particuliers ; c'est ainsi que la grande ventouse du bassin a 14 centimètres environ de diamètre à son embouchure.

Il y a aussi un verre spécial pour le sein ; il y en a également un pour les doigts, les gencives, le museau de tanche, etc.

Un verre à deux tubulures est de même nécessaire pour servir de réservoir quand on doit extraire une grande quantité de liquide.

MANIÈRE DE FAIRE USAGE DE LA TERABDELLE.

Le malade étant couché, et au besoin les poils et les cheveux soigneusement rasés, on déploie les tubes, et le manœuvre, qui est assis, place l'appareil immédiatement sur le sol et entre ses jambes (*Fig. 2*).

Les verres sont appliqués sur la peau ; les tubes sont ajustés sur les verres, et les soupapes de réintroduction étant complétement ouvertes, on commande au manœuvre de fixer solidement l'appareil avec ses pieds, et d'exécuter en même temps avec ses bras des mouvements de va-et-vient qu'il doit répéter environ deux fois par seconde pendant toute la durée de l'opération.

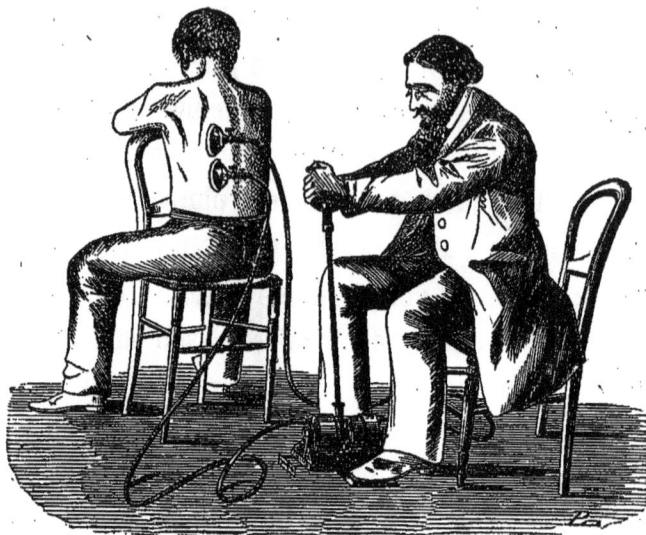

Fig. 2.

La peau une fois engourdie, on fait agir l'appareil dans toute sa puissance, en diminuant la réintroduction, et quand les téguments paraissent d'un beau rouge, on détache subitement le verre. On scarifie trois ou quatre fois, plus ou moins, suivant les cas. Le verre étant ensuite réappliqué le plus promptement possible, le manœuvre recommence son mouvement de va-et-vient, et l'on suit de l'œil les effets produits en faisant varier la réintroduction quand il est nécessaire. La quantité de sang qu'on désire une fois obtenue, on enlève les verres, on essuie les coupures, on les oint même avec un peu d'huile, et l'opération est terminée.

THÉORIE.

Le principe qui a présidé à la construction de cet appareil consiste à produire sur la peau, ou sur toute autre partie du corps qui se trouve couverte par la ventouse, un mouvement alternatif de succion par le vide et de dépression par une réintroduction partielle d'air, de manière que cette partie du corps soit alternativement soulevée et déprimée. Ces mouvements, répétés deux fois par seconde, plus ou moins, pendant toute la durée de l'opération, empêchent la coagulation du sang dans l'intérieur des scarifications, et favorisent d'ailleurs la circulation de ce liquide dans les tissus nécessairement comprimés par les bords des verres.

RÉSULTATS.

1° Comme saignée locale, la Terabdelle permet d'extraire, sans douleur notable, ainsi que nous l'avons déjà dit, de 20 à 100 grammes de sang par minute aux principales régions du corps humain, et les mouchetures qui fournissent le sang guérissent très-vite, sont rarement ecchymosées et ne laissent même bien souvent aucune marque à la peau.

2° Sous le rapport de l'effet hémospasique. La Terabdelle permet, si on a soin de multiplier suffisamment les verres, de retenir par l'effet du vide une quantité de sang comparable à celle que les appareils Junod empêchaient de circuler et tenaient pour ainsi dire en réserve dans la profondeur des membres.

3° Comme simple révulsion. Si la meilleure révulsion possible est l'effet d'une simple ventouse sèche, quel résultat ne peut-on pas obtenir en répétant 240 fois par minute la tension et la détente successives qui caractérisent l'action normale de cette ventouse?

LA TERABDELLE AU POINT DE VUE THÉRAPEUTIQUE.

Privé du souffle de la respiration, le corps humain, l'homme anatomique n'est qu'un cadavre, ainsi que nous le démontre trop souvent l'asphyxie qui résulte de la submersion chez les noyés.

Or, considérée en elle-même dans son essence, et telle qu'elle était appliquée autrefois en Egypte, la ventouse est un souffle à deux temps, tout au moins fort analogue, pour ne pas dire tout à fait semblable au souffle de la respiration, qui lui-même est le souffle de la vie.

Ce rapprochement, très-ancien dans la science, a été nettement formulé par Platon dans son *Timée*. Après avoir parfaitement décrit le va-et-vient tour à tour actif et passif qui constitue l'inspiration et l'expiration : « C'est par le même principe, ajoute-t-il, qu'on expli- « quera les phénomènes des ventouses médicales (1). »

(1) Rursus que hæc ita perpetiuntur agunt que semper. Certe anhelitus hic *circulo quodam* hinc et illinc *jugiter fluctuans* expirationem et inspirationem continet. Quin etiam causæ passionum quæ ex *at-*

Nous voici ramenés au type idéal de cette grande méthode thérapeutique, c'est-à-dire à l'antique ventouse que les Egyptiens faisaient appliquer au moyen de la succion par la bouche des esclaves.

Or, cette ventouse était essentiellement formée par le souffle puissant de la respiration humaine avec ses deux temps constitutifs qui sont l'inspiration et l'expiration.

L'innocuité parfaite et les bienfaits tant célébrés de cette ventouse primitive ne s'étant plus retrouvés dans le cours des siècles suivants, nous devons attribuer les inconvénients et les infidélités des méthodes nouvelles à ce défaut radical et manifeste qui leur est commun à toutes, et qui consiste à *supprimer le second temps de leur souffle.* Cet oubli inconcevable a fatalement condamné tous les procédés à *engorger* et à *irriter, en les asphyxiant*, les tissus soumis à l'action de la ventouse.

Or, après sept années de recherches infructueuses, nous eûmes l'idée, mon frère et moi, de recourir *au coup de piston de la machine pneumatique* pour obtenir l'*aspiration* ou le premier temps, et il nous fut ensuite très-facile de réaliser le second ou *la détente* au moyen d'un robinet à vis échancrée pour la réintroduc-

tractu ampullarum ex corpore a medicis fiunt, atque etiam potionis, et eorum insuper quæ jaciuntur. sive emittantur sublimia, seu deferantur humi, hac utique ratione tractanda videntur. (Platonis, *Opera omnia,* Marsillio ficino interprete, Francofurti, 1602, page 1080).

tion mesurée et graduée de l'air. Voyez dans les deux gravures le robinet à vis *a*.

L'établissement de ce robinet ayant fait apparaître le second temps, nous constatâmes, non sans un grand étonnement, qu'en répétant deux fois par seconde, dans chaque verre, la tension et la détente caractéristiques de l'effet normale de la ventouse, le sang sortait à flots des vaisseaux capillaires divisés en fournissant régulièrement, et en moyenne, un écoulement de *soixante grammes par minute.*

En physiologie, le va-et-vient respiratoire n'est-il pas l'équivalent des battements du cœur, et la pulsation artérielle elle-même n'est-elle pas un vrai souffle circulatoire, présidant dans notre corps à une sorte de respiration universelle? L'air atmosphérique en repos ne saurait alimenter la combustion respiratoire, et le sang artériel immobile serait impuissant à vivifier nos organes. Ces deux grands excitants de la vie n'agissant qu'après avoir été dynamisés, c'est-à-dire élevés à l'état de souffles par la ventouse thoracique et le coup de piston du cœur, nous aident à concevoir les heureux effets de la Terabdelle.

APPLICATIONS DIVERSES DE LA TERABDELLE.

1° *Ventouses sèches.* — En répétant deux fois par seconde dans chaque verre appliqué sur la peau non scarifiée, la tension et la détente successives qui caractérisent l'effet normal de la ventouse, on produit, sans causer aucune douleur, des effets de révulsion tellement extraordinaires, que chez des malades en proie à la surexcitation nerveuse la plus grave, et chez lesquels tout moyen thérapeutique quelconque était devenu complétement inapplicable, on a vu le pouls s'améliorer, la face pâlir et devenir moins brûlante, et enfin le délire de l'ataxie s'évanouir, après vingt minutes de travail du manœuvre, c'est-à-dire après l'application sur les régions fessières de 4,800 coups de piston de la Terabdelle, sur 2 décimètres environ de surface cutanée.

2° *Ventouses scarifiées.* — La stimulation des réseaux capillaires de la périphérie cutanée, par la Terabdelle, est si énergique, qu'au moyen de trois ou quatre applications du scarificateur mécanique à 16 lames, sous chaque verre, il se produit moyennement des capillaires divisés, une saignée aussi abondante que celle qui résulte de la piqûre de la veine au pli du bras.

Il m'est arrivé quelquefois d'apercevoir un jet de sang artériel, fin comme un cheveu, s'élancer vers l'orifice du verre à ventouse.

L'agent physique de la succion, qui est l'élasticité d'un air raréfié, encore capable de soutenir une colonne de mercure de 35 à 40 centimètres, agit avec une telle douceur sur nos téguments, que les mouchetures du scarificateur et la peau des régions ventousées ne sont ni congestionnées, ni irritées comme elles l'étaient par les anciens procédés.

Les effets de la saignée capillaire par la Terabdelle ont cela de singulièrement remarquable qu'*ils se produisent immédiatement* ; on voit, par exemple, les fonctions se rétablir, les règles quelquefois apparaître, une hémorrhagie se supprimer, une douleur vive être enlevée, non pas quelques heures après l'opération, mais *à l'instant même, et séance tenante.*

3° *Succion exercée par la Terabdelle sur les ponctions pratiquées par la lancette ou le bistouri dans les foyers sanguins et purulents.* — En gouvernant avec soin la marche du piston d'après la sensibilité du malade et les effets produits, et en modérant son action par une abondante réintroduction d'air, on voit le pus et le sang sortir à flots, sans qu'il en résulte une souffrance notable pour les malades. Ainsi débarrassés des produits de l'inflammation et du sang noir qui gorge leurs parois, et vivifiés en même temps par un courant de sang artériel, les foyers purulents guérissent avec une rapidité surprenante.

PRÉCAUTIONS GÉNÉRALES A OBSERVER POUR L'EMPLOI
DE LA TERABDELLE.

1° *Le malade.* — La *fig.* 2 pourrait induire en erreur relativement à la position à donner au malade : ce n'est pas la position assise, en effet, qui lui convient, mais il doit être couché horizontalement pour éviter la syncope.

On applique de préférence les ventouses sur la partie postérieure du corps, parce qu'elle est naturellement moins sensible, et pour cela, on couche d'ordinaire le malade sur le ventre ; mais s'il était frappé d'ataxie ou d'adynamie, ou que sa grande faiblesse ne permît pas de le changer de position, il suffirait de fléchir ses genoux et d'appliquer les verres à la partie postérieure et supérieure des cuisses.

2° *Le médecin.* — Il doit d'abord étudier le pouls du malade, pour être en état de l'observer pendant l'opération, et suspendre au besoin l'action de la machine, s'il venait à faiblir outre mesure, ou à se déranger notablement. Il doit suivre attentivement la marche de la saignée capillaire pour ne pas lui laisser dépasser les bornes indiquées par l'état du malade et de la maladie.

3° *Le manœuvre et la machine.* — Il importe beaucoup de ne point perdre de vue qu'un manœuvre intelligent, alerte, vigoureux et intéressé au succès des opérations n'est pas moins nécessaire qu'une Terabdelle en bon état. Imprimer aux pistons deux coups par seconde sans rien leur faire perdre de l'étendue de leur course, tout en évitant de heurter le fonds du corps de pompe, et cela pendant quinze à vingt minutes, est un travail pénible et difficile, qui exige tout à la fois de la vigueur physique et de l'intelligence.

Le manœuvre se place de manière à pouvoir suivre des yeux l'écoulement du sang, et apprendre ainsi par expérience la meilleure manière de donner le coup de piston pour abréger la durée des opérations.

Avant chaque opération, les pistons doivent être soigneusement essuyés et enduits ensuite d'une couche ciculaire de cérat en été, et d'huile en hiver.

. Quelques gouttes d'huile fine doivent de temps en temps être insinuées dans les mouvements. Après chaque opération, les pistons doivent de nouveau être très-exactement essuyés et enveloppés ensuite d'un linge qui les mette à l'abri de la poussière. Il est une règle à laquelle il ne faut jamais manquer : c'est d'essayer la machine avant toutes les opérations.

ESSAI PRÉALABLE.

Le manœuvre étant installé comme dans la *fig.* 2, et fournissant quatre coups de piston par seconde, on applique la pulpe de l'un des doigts sur l'orifice du tube, et au bout de quelques instants, la puissance du vide permet de soulever le poids total du tube, et même de l'élever à 1 mètre verticalement, si l'instrument est en parfait état.

Cet état de perfection est essentiellement instable, l'air tendant à rentrer par toutes les voies, et la Terabdelle, toutefois, n'en marche pas moins régulièrement; car il suffit, pour compenser cette rentrée inévitable, de diminuer un peu, pendant la marche, l'orifice de la réintroduction en tournant la vis, etc.

PREMIÈRE APPLICATION DE LA TERABDELLE.

Metttre en marche une machine nouvelle sur de simples indications écrites étant un problème dont la solution me paraît difficile, voici l'énumération successive des principaux détails de la première opération :

Reportons-nous d'abord à la *fig.* 1, qui fait voir la terabdelle prenant ses appuis sur le sol au moyen de deux tiroirs en fer, et d'une planche fournissant appui aux pieds du manœuvre.

1° Les tiroirs sont d'abord allongé, et la planche tournée à angle droit.

2° La garniture des tubes est ajustée solidement dans l'orifice correspondant aux soupapes aspiratrices D, D.

3° Le levier à main est enfoncé avec force dans le trou qui lui est destiné.

4° Les pistons sont d'abord essuyés très-exactement, puis enduits circulairement d'une légère couche de cérat.

5° Essai de l'instrument comme ci-dessus.

6° Je suppose qu'il s'agisse de suppléer à une application de sangsues à l'anus. Le malade se couche à plat ventre dans son lit, sur deux oreillers.

7° On applique les deux verres sur les deux fesses,

et on ajuste dessus les deux tubes, dont les robinets de réintroduction sont complétement ouverts.

8° On tourne la vis *a*, à mesure que le malade s'habitue à l'effet des coups de piston, qui ne sont jamais douloureux quand l'action est convenablement graduée.

9° Au bout de deux ou trois minutes, quand la peau est devenue d'un beau rouge, on enlève les verres, et on fait agir quatre fois coup sur coup le scarificateur à seize lames. Si, au bout de six à sept minutes, l'écoulement du sang devenait stationnaire, il faudrait enlever le liquide écoulé, frictionner légèrement les mouchetures avec un linge, et faire agir de nouveau, sans hésiter, le scarificateur, trois, quatre, cinq, et même sept à huit fois sous chaque verre; dans les cas difficiles, le soulagement produit est proportionnel à la difficulté vaincue. Une boulette de cire appliquée sur le verre permet de suivre la marche de l'écoulement du sang. Une fois la quantité suffisante obtenue, il ne reste qu'à l'enlever, essuyer avec soin les mouchetures, et enfin à les oindre avec un peu d'huile.

OBSERVATIONS.

I.

Le 10 mai 1865, je suis appelé à Damigny auprès de madame Camus âgée de 33 ans mère de deux enfants. Cette dame jouissait habituellement d'une bonne santé,

quand, il y a trois mois, elle fut prise d'une douleur
vive au niveau de la septième vertèbre cervicale. Cette
douleur est descendue le long de la colonne vertébrale
jusqu'aux reins, et elle se reproduit aujourd'hui par la
pression exercée légèrement sur toute la série des apo-
physes épineuses. Depuis un mois, il est survenu de
la faiblesse et de l'engourdissement dans les jambes et
dans les bras. La malade ne peut presque plus marcher
ni travailler sans être à bout d'haleine : elle se plaint
également de fourmillements dans le dos et dans les
membres.

L'appétit n'a point manqué, et le pouls semble
naturel. 500 grammes de sang sont extraits en quarante-cinq minutes, tout le long des gouttières verté-
brales, depuis la base du cou jusqu'au bassin. Le sang
est plus consistant, et d'une couleur plus foncée que de
raison. La malade n'accuse aucune faiblesse.

La douleur est complétement enlevée.

12 mai. La malade a travaillé hier, et a été levée
toute la journée ; elle se croit guérie.

10 juin 1866. Le soulagement instantané éprouvé
par madame Camus a été une guérison entière et complète sans l'intervention d'aucun autre moyen thérapeutique.

II.

Madame la comtesse X..., âgée de 54 ans, demeurant

à dix lieues de la ville, ayant éprouvé il y a quinze ans un engorgement ou congestion subinflammatoire chronique de l'utérus avec abaissement de cet organe, réclama mes soins.

Des saignées révulsives et périodiques de 90 grammes chaque mois, vingt-quatre heures après la cessation des règles, des bains, des lavements, des calmants, le repos sur la chaise longue, suivant la méthode de Lisfranc, la guérirent après dix-huit mois de traitement.

Dernièrement, pourtant, elle retomba malade. Lors de ma visite du 6 mai 1865, je trouvai l'utérus tellement tombé que son col se trouvait à l'orifice vulvaire. Le museau de tanche était tellement volumineux et tendu, que la crainte d'une tumeur de mauvaise nature me vint d'abord à la pensée. En outre, depuis trois semaines, Madame ne pouvait ni marcher, ni même se tourner dans le lit sans douleur. Je lui persuadai de se soumettre à l'application de la Terabdelle. Deux verres couvrant chacun 1 décimètre de surface sont donc appliqués sur le bassin, et quand la peau nous paraît suffisamment excitée, quatre coups de scarificateur sous chaque verre nous permettent de constater que le sang de la malade se trouve dans un état d'épaississement extraordinaire, puisqu'il ne faut rien moins que quarante-cinq minutes pour en extraire 250 grammes.

A mon deuxième voyage, le 21 mai, je trouve par le toucher vaginal que le col utérin n'est plus à l'orifice vulvaire ; il est tellement élevé que j'ai la plus grande difficulté à l'atteindre avec l'index.

Madame la comtesse me raconte, en effet, que le lendemain de la première saignée avec les ventouses, elle se promenait dans son parc, et même qu'elle avait la force d'arroser ses fleurs, Une nouvelle opération nous permet d'extraire 375 grammes de sang. A la troisième visite, Madame me déclare que si elle m'a envoyé chercher, ce n'est plus à raison de son incommodité de matrice, dont elle est parfaitement guérie, mais bien parce qu'elle est tourmentée par une céphalalgie qu'elle avait coutume auparavant de combattre au moyen d'une application de sangsues au siége, à laquelle elle veut substituer aujourd'hui ce qu'elle appelle la saignée pneumatique, c'est-à-dire la Terabdelle employée avec succès contre son mal de matrice. Une troisième saignée de 400 grammes rétablit complétement la santé.

III.

M. Larue, ancien notaire de La Poôté (département de la Mayenne, distance d'Alençon, 17 kilomètres), âgé de 75 ans, de constitution excellente, et, malgré son âge avancé, jouissant de l'usage de toutes ses facultés, se plaignait, depuis plusieurs jours, d'une légère douleur derrière l'oreille gauche ; mais il ne s'en inquiétait pas, la supposant extérieure, lorsque le mercredi 18 octobre

1865, vers dix heures du matin, dans l'espace d'un petit nombre de minutes, il perdait le mouvement, la parole et la connaissance ; Jean, son domestique, le transporte sur ses bras dans un état de résolution-générale. Les traits de son visage sont profondément altérés. Le bruit de sa mort se répand dans le pays.

Par une heureuse coïncidence, M. Larue et sa femme tenaient en leur possession la petite pompe avec les verres que le fabricant Charrière nous vendait autrefois pour l'application des ventouses, et ils connaissaient, pour s'en servir, le principe fondamental de la Térabdelle, c'est-à-dire la répétition des coups de piston.

En attendant mon arrivée, madame Larue fait donc raser la région cervico-mastoïdienne gauche, et, en quelques minutes, elle a pu extraire 90 grammes de sang, et en même temps, la parole et la connaissance reviennent. « Jean, mon ami, dit le malade à son domestique, du sang, encore du sang ; je ne souffre pas, prenez votre temps. »

L'opération ayant été un instant suspendue pour nettoyer le verre, la parole se perd de nouveau. On réapplique le verre, qui se remplit une seconde fois, et au bout de dix minutes la parole revient ; le malade fait d'inutiles efforts pour exciter sa main droite à se mouvoir.

Le verre ayant été appliqué une troisième fois, le mouvement revient complétement dans le bras paralysé.

On continue ainsi jusqu'à midi, et alors M. Larue s'élance sur son séant, se met à genoux, et demande le vase de nuit pour uriner.

On pèse le sang, et il s'en trouve 460 grammes, dont 60 sur le bassin et 400 derrière l'oreille.

J'arrive à deux heures de l'après-midi ; à ma vue, le malade s'assied sur son séant en agitant ses bras et ses jambes dont les mouvements sont pleinement rétablis.

Le pouls, naturellement large et développé, est serré et dur ; il bat assez régulièrement la seconde ; le visage est coloré ; la tête est pesante.

Nous sommes, à mon avis, dans le cas de l'*oppressio virium* des praticiens, et un choc en retour plus terrible que le premier nous menace.

Deux verres à ventouse sont donc appliqués l'un sur le bassin, et l'autre derrière l'oreille gauche.

Le sang est tellement épais qu'il se coagule dans les mouchetures pratiquées sur les fesses, ce qui n'était pas arrivé immédiatement après l'accident. Le verre placé derrière l'oreille extrait 400 grammes de sang en 25 minutes.

Le jeudi matin, 19 octobre, la nuit a été bonne ; mais le pouls est toujours lourd et lent, et il y a encore de l'embarras dans la tête.

En conséquence, 400 grammes de sang sont extraits derrière l'oreille, et 90 aux régions fessières.

Le jeudi soir, soif, moiteur générale, le pouls est souple, large et développé, à 72. Le vendredi matin, on me raconte que la moiteur de la veille n'a pas continué ; la face est toujours colorée, le pouls est à 60, serré, tendu, résistant ; la peau est sèche ; il y a une céphalalgie profonde.

Une nouvelle saignée me paraît indispensable ; 500 grammes de sang sont extraits derrière l'oreille, et 100 grammes aux régions fessières.

Une syncope incomplète assez pénible se manifeste ; mais le malade ne tarde pas à recouvrer ses sens, et à déclarer que sa tête est entièrement libre. Il est pâle ; le pouls est faible, à 72.

Dans la nuit du vendredi au samedi, une moiteur d'abord gluante et fétide, puis une sueur abondante se déclarent.

J'accorde au malade, qui jusqu'alors n'avait pris que de la tisane, du bouillon de veau tout clair.

Le samedi matin 21, M. Larue se sent assez de force et d'assurance pour se faire lui-même la barbe dans son lit ; il reprendrait même immédiatement ses habitudes, si je n'exigeais absolument huit jours de repos dans sa chambre, quelques légères purgations, et une nourriture entièrement liquide durant cette période de temps.

Pendant les mois de novembre, décembre et janvier, M. Larue avait repris toutes ses habitudes, et il lui est même arrivé de chasser des journées entières, et de fatiguer, à cet exercice très-pénible dans nos contrées, des jeunes gens doués d'une grande vigueur. Il se plaignait pourtant encore parfois d'une douleur frontale profonde ; la vision chez lui était parfois incertaine ; et une sensibilité générale et superficielle du cuir chevelu s'était manifestée dans les derniers temps.

Enfin, le 12 février 1866, ayant eu occasion de le voir, je lui pratiquai une saignée de 500 grammes, savoir, 300 à l'occiput, et 200 sur les régions fessières.

On me rappelle le lendemain au milieu de la nuit, et j'apprends qu'à partir d'hier soir M. Larue a été pris d'un grand nombre de *syncopes passagères*, à la suite desquelles on a vu la parole et le mouvement de la main devenir de plus en plus difficiles, et qu'en dernier lieu, pendant qu'il était sur sa chaise percée, il est tombé tout à coup sans connaissance et sans mouvement.

Il ne lui reste en ce moment qu'un geste automatique de la main droite qu'il porte à la nuque comme pour demander qu'on lui tire encore du sang dans cette région.

Me trouvant en consultation avec M. le docteur Métivier, de Fresnay-sur-Sarthe, et M. le docteur Casteran, médecin à La Poôté, nous sommes unanimes pour reconnaître que la mort est infiniment probable, mais qu'après tout une saignée capillaire occipitale est le seul moyen rationnel qui nous reste à employer.

L'un de nous s'étant chargé du pouls, les deux autres pratiquent derrière l'oreille droite une saignée de 180 grammes. A ce moment le pouls devient intermittent et faible et ne permet pas de continuer.

Pendant toute la journée du mercredi des Cendres, le malade ne cessa d'être dans un état si grave qu'à chaque instant on redoutait l'agonie. Les derniers sacrements lui furent administrés, et les prières des agonisants récitées. La face retirée et livide, le nez effilé, les yeux inégalement ouverts et enfoncés, semblaient ne permettre aucune espérance, et, toutefois, la journée et la nuit se passèrent.

Huit jours durant, la vie de M. Larue paraissait impossible, mais enfin la connaissance et l'appétit lui revinrent successivement. On put constater que le bras droit était entièrement paralysé du mouvement, bien qu'il fût encore sensible. La jambe droite avait conservé un peu de mouvement.

La parole était embarrassée, mais tous les mots pouvaient être articulés, et le malade se faisait comprendre. Pendant le mois d'avril, l'état de M. Larue s'était amélioré. Il passait ses journées dans un fauteuil et se faisait transporter dans son jardin ; à l'aide d'un bras, il pouvait même faire usage de sa jambe droite, et marcher quelques pas.

Vers cette époque il fut atteint comme beaucoup d'autres personnes d'un fort rhume de printemps avec un malaise général (grippe), et il vit son appétit et ses forces diminuer.

C'est dans ces conditions que le 22 mai, vers midi, il est pris tout à coup d'un malaise profond suivi d'un appareil fébrile d'une véhémence extrême : 120 pulsations vibrantes, avec une intermittence toutes les 30 ou 40 pulsations, et 45 respirations par minute.

Le 23 au matin, le pouls est à 108 ; le soir il revient à 120.

Le 24, un point de côté apparaît au niveau des fausses côtes : une douleur vive se déclare derrière l'oreille droite. Matité légère dans le côté droit ; crépitation à grosses bulles à la base du poumon droit.

On extrait 45 grammes de sang sur le côté douloureux, et 60 derrière l'oreille droite. Le pouls, qui faiblit, ne permet pas d'aller plus loin. Un seul coup de scarificateur que le malade perçoit à peine dans son état de santé détermine un ébranlement nerveux effrayant, douleurs vives dans la tête ressemblant à celles qu'il éprouva à un moindre degré avant la seconde attaque ; yeux ternes, inégalement ouverts , surexcitation nerveuse extrême.

Le samedi 26 vers deux heures, le délire est complet ; il ne veut plus accepter aucune médication quelconque. Madame Larue, à laquelle il n'avait encore refusé quoi que ce soit, ne peut rien gagner : il nous répète tranquillement les propos les plus extravagants.

Au moyen de beaucoup de prières, on obtient enfin qu'il fléchisse les genoux, et qu'il se laisse appliquer les verres à ventouse à la partie supérieure des cuisses.

Après vingt minutes de travail du manœuvre, c'est-à-dire après l'action sur les cuisses de 4,800 coups de piston de la Terabdelle, la figure pâlit et devient moins brûlante, le pouls s'améliore, et enfin le délire cesse pour ne plus revenir.

Deux fois dans le cours de la soirée on recommence l'application de la Terabdelle, à la demande du malade, qui y trouve un moyen de modérer l'impétuosité des battements artériels qui retentissent péniblement dans sa tête. Une sueur abondante se produit pendant toute la nuit, et un mieux sensible se manifeste pendant la journée du dimanche 27 mai.

La nuit du 27 au 28 est encore mauvaise, et le 28 au matin le docteur Casteran croit encore devoir porter un pronostic funèbre qu'il fonde sur l'extrême fréquence de la respiration (45 à la minute), l'expression des yeux, inégalement ouverts, et l'intermittence du pouls.

A mesure que le jour avance, le mieux se dessine ; la peau devient moite, le pouls est moelleux et régulier à 80 ; la nuit est excellente, et le 29 tout est bien, sauf une intermittence très-prononcée du pouls.

Le 6 juin, je trouve M. Larue abattu ; il est sans appétit ; son moral, dit-on, s'affaisse de jour en jour en même temps que sa force physique ; le pouls est à 72, la peau sèche, la toux fréquente et suivie de quelques crachats de sang pur.

La percussion permet de reconnaître une matité très-notable aux parties postérieures et déclives du côté droit de la poitrine.

Convaincu que la cause de la persistance des accidents est la congestion hypostatique du poumon droit, je prescris d'appliquer trois fois par jour, et pendant vingt minutes chaque fois, deux ventouses sèches au niveau et au-dessous de l'épaule droite au moyen de la Terabdelle.

Le vendredi 7 juin, j'apprends que le malade a très-bien supporté l'application des ventouses sèches, et qu'il en a été soulagé. Je le trouve assis dans son fauteuil, et mangeant avec appétit. Le pouls est régulier, à 60 ; la peau et le *facies* sont naturels ; il n'y a plus de toux : la percussion permet de constater une égalité à peu près parfaite du son pulmonal à droite et à gauche.

M. Larue, désormais en état de supporter les fatigues d'un voyage, conçoit le désir d'aller consulter à Paris, mais le bruit des ravages du choléra l'en ayant détourné, j'adresse la présente observation à l'un de nos plus célèbres praticiens, et j'en reçois la consultation suivante :

1° Frictions avec le baume nerval sur les membres paralysés ; 2° laxatifs aloétiques ; 3° régime végétal ; 4° ne recourir qu'avec la plus grande réserve à de nouvelles émissions sanguines.

Je me fais l'interprète de notre illustre maître auprès du malade, mais il n'en tient aucun compte en ce qui touche les émissions sanguines, et, pendant les mois d'août, de septembre et d'octobre, il se fait appliquer tous les quinze jours, par madame Larue, les ventouses à l'occiput au moyen de la petite pompe Charrière, et extraire ainsi de 250 à 375 grammes de sang chaque fois.

Aux observations que je lui fais à ce sujet, M. Larue répond :

« *Vos calmants ne calment point* la douleur profonde « que j'éprouve dans la tête et qui retentit dans mes « dents, mes cheveux et mes oreilles, tandis qu'une « simple application de ventouses me soulage à l'ins- « tant. J'éprouve à la suite un bien-être universel, et « loin d'être plus faible, je me sens alors plus dispos, « et mes deux jambes, qui jusqu'ici étaient enflées tous « les soirs, ne le sont plus aujourd'hui.

« Dans ces conditions, la Faculté et l'Académie tout « entières ne seraient point capables de m'empêcher « d'user d'un moyen de me soulager aussi simple « qu'inoffensif, et qui, Dieu merci, est à ma disposi- « tion. »

En fait, M. Larue, qui n'a point eu besoin d'émis- sions sanguines depuis le commencement de novembre dernier, jouit aujourd'hui 3 janvier 1867, d'une santé relative très-satisfaisante. Il monte et descend les esca- liers seul et sans aide, il circule dans le bourg de La Poôté, assiste aux offices de la paroisse et peut même s'occuper d'affaires.

Quant à son membre paralysé, il lui fait exécuter volontairement des mouvements complets de flexion et d'extension de l'avant-bras sur le bras, et il n'est pas impossible, à mon avis, que le faculté motrice ne continue à s'y rétablir graduellement jusqu'à un état approchant de la guérison.

IV.

LE PROFESSEUR VACQUERIE.

Le 3 janvier 1859, à cinq heures du soir, M. Vacquerie, ancien professeur de l'Université en retraite, âgé de 65 ans, tombe frappé d'apoplexie avec hemiplégie et perte presque complète de la parole en face du portail de Notre-Dame. Deux hommes le transportent à son domicile sur une chaise. La main et la jambe droite sont pendantes, froides, insensibles et immobiles. La commissure labiale est très-déviée.

Je constate que les pincements les plus énergiques ne provoquent ni sensibilité ni mouvement dans le bras et la jambe affectés. La paralysie est d'ailleurs si prononcée que deux hommes doivent unir leurs efforts pour coucher le malade et lui donner l'attitude requise pour l'opération.

Le pouls est à 60, régulier, tendu, développé, résistant ; la respiration, la déglution et les fonctions organiques sont intactes, la santé antérieure était parfaite.

4

Deux verres dont l'embouchure circulaire couvre chacun un décimètre de surface cutanée sont appliqués sur les régions fessières.

Quinze minutes ne se sont pas écoulées, la quantité de sang contenu dans les verres s'élève à peine à 600 grammes que le malade s'écrie tout à coup : « Ma pauvre fille, je suis sauvé ! » Et dans le transport de sa joie, il agite son bras et sa jambe paralysés. Nous avons quelque peine à calmer cette émotion. Enfin la quantité de sang s'élevant à 1,000 grammes environ nous arrêtons la saignée.

Avant de quitter M. Vacquerie, je le prie de me serrer à la fois les deux mains de ses deux mains, ce qu'il exécute avec une force sensiblement égale de l'un et de l'autre côté.

Le lendemain, la guérison était parfaite et M. Vacquerie rentrait dans les habitudes de sa vie ordinaire.

Au bout de deux mois m'ayant fait remarquer qu'un léger engourdissement lui était resté dans la main droite ainsi que dans la langue sans qu'il en résultât toutefois aucune gêne apparente dans les fonctions, je crus devoir lui faire extraire 300 grammes de sang derrière l'oreille gauche.

Tous les six mois environ, au printemps et à l'automne pendant les années suivantes je dus revenir au même moyen pour combattre de légers étourdissements qui nous faisaient craindre une rechute, et 3 à 400 grammes de sang furent extraits chaque fois.

Et enfin depuis deux ans M. Vacquerie qui n'a plus eu besoin de recourir à la Terabdelle, n'a pas cessé de jouir d'une santé parfaite et de se livrer même avec ardeur à ses travaux littéraires habituels sans éprouver le moindre symptôme de congestion cérébrale.

Si le médecin a quelquefois occasion de se plaindre de l'indifférence ou même de l'ingratitude de ses malades il en est dédommagé quelquefois par la rencontre d'un cœur reconnaissant. Je devais ce témoignage à M. le professeur Vacquerie.

Il ne lui a pas suffi de faire le voyage à Paris pour aller raconter à M. Flourens, à M. Grimaud de Caux, ainsi qu'à M. l'abbé Moigno sa guérison merveilleuse par la Terabdelle, voyant avec peine l'indifférence persistante des corps savants, il rédigea le 16 juillet dernier la pétition suivante à l'adresse de Sa Majesté l'Empereur :

SIRE,

Le soussigné, professeur émérite de l'Université, a l'honneur de présenter à Votre Majesté la pétition suivante :

Il s'agit d'une sangsue mécanique appelée Terabdelle, dont le soussigné a éprouvé l'effet salutaire et soudain, en une circonstance où frappé dans la rue d'une apoplexie et paralysie lui enlevant l'usage de toute la moitié du corps et de la parole, il fut radicalement guéri dans l'espace de vingt minutes par l'application de cette machine pneumatique, de telle manière que le surlendemain il circulait dans la ville, vacant comme d'habitude à ses affaires.

Le soussigné, animé par un double sentiment d'humanité et de reconnaissance, vint exprès trouver à Paris M. Flourens à qui il exposa le fait ainsi que plusieurs autres semblables capables de constater la puissance de ce nouvel instrument. Le savant académicien n'eut que des paroles d'éloge pour une découverte de cette nature, et après un sérieux examen il la fit connaître à quelque temps de là dans une séance de l'Institut.

M. Grimaud de Caux, à qui le soussigné exposa le même fait ayant pris connaissance de cette machine, en constata les avantages en des termes bien propres à exciter l'attention de la science, et plus d'une fois il émit un vœu ardent à cette occasion, notamment dans le compte-rendu de l'académie des sciences du 26 février 1865 (1).

(1) « Je ne puis abandonner ces questions d'hygiène, « dit M. Grimaud de Caux, sans revenir sur un événe- « ment qui a frappé le monde savant d'une émotion « profonde et qui dure encore. La mort de Gratiolet, « j'en ai la conviction, eut pu être conjurée par une

C'est donc encore au nom de l'humanité que le soussigné supplie aujourd'hui Votre Majesté de prendre la chose en considération, et demande qu'une Commission choisie dans le corps médical fonctionne pour la constatation des effets de l'instrument dont il s'agit.

Il a l'honneur d'être, de votre Majesté, SIRE,

Le très-humble et très-dévoué serviteur,

VACQUERIE.

Alençon, le 16 juillet 1866.

« simple application de la Terabdelle de M. Damoiseau,
« d'Alençon. Je répète ici ce que j'en disais dans le
« feuilleton du 13 novembre dernier : J'ai eu la preuve
« vivante et parlante (le professeur Vacquerie) des
« merveilleux effets de l'application de cet instrument
« dans une circonstance tout à fait analogue à celle
« qui a emporté Gratiolet. La Terabdelle dissipe les
« congestions locales mécaniquement et à l'instant
« même. »

Après avoir prié MM. Serres, Rayer et Claude Bernard, nommés commissaires pour l'examen du mémoire de M. Damoiseau, de prendre la chose en sérieuse considération, M. Grimaud de Caux ajoute :

« Nous y sommes tous intéressés : il n'y a pas
« d'homme d'étude, il n'y a pas un membre de l'Insti-
« tut jeune ou vieux qui ne soit exposé aux mêmes

« dangers, et dans le cas d'avoir recours à ce moyen
« efficace au moment où il y pensera le moins. Qui est
« à l'abri d'un coup de sang? surtout parmi les hommes
« d'étude dont le cerveau est toujours plus ou moins
« fatigué par le travail intellectuel.

« Je suis convaincu que la conclusion pratique de
« l'examen des faits sera de demander qu'une Terab-
« delle soit déposée dans tous les lieux où l'on réunit
« des secours publics contre les accidents de la rue.
« Les apoplectiques pourraient ainsi être secourus
« instantanément comme le sont les noyés et les
« asphyxiés. »

Compte-rendu de l'Académie des Sciences de l'*Union*
du 26 février 1865.

——

NOTA. — Voir pour plus de détails mon premier travail qui
a paru chez J.-B. BAILLÈRE et fils, en 1862 et le compte-
rendu de la présentation de la Terabdelle à l'Académie des
Sciences, dans le journal l'*Union médicale* du 3 novembre
1864, page 226.

M. Guéride, fabricant d'instruments de chirurgie, rue des
Ecoles, 61, à Paris, est en mesure de fournir la Terabdelle à
ceux de nos confrères qui désireraient en faire l'acquisition.

FIN.

www.ingramcontent.com/pod-product-compliance
Lightning Source LLC
Chambersburg PA
CBHW070915210326
41521CB00010B/2192